Weihnachtsplätzchen
für Hunde

Sascha Storz

Weihnachtsplätzchen für Hunde

Bassermann

Inhalt

Vorwort

Weihnachtszeit ist Familienzeit. Und wer gehört wohl genauso dazu, wie Onkels, Tanten und Cousinen? Natürlich: Ihr Hund. Er begleitet Sie durch dick und dünn, ist Spielkamerad und Seelentröster, Vertrauter und – manchmal jedenfalls – ziemlich anstrengend. Eben genauso wie ein Familienmitglied.

Was liegt also näher, als ihn auch in Familienfeste mit einzubeziehen? Nun können wir ihn nur in Ausnahmefällen mit an den Tisch setzen und selbst wenn er Großvater ein guter Zuhörer sein mag, so trägt er selbst doch vor allem durch sein weises Schweigen zur Unterhaltung bei. Kurzum: Auch wenn wir es dann und wann gerne hätten, so ist ein Hund eben doch nur fast ein Mensch. Und genau das ist der Grund dafür, dass er ein eigenes Plätzchenbackbuch bekommt. Denn auch wenn unsere Tiere nur zu gerne zulassen, dass wir unser Weihnachtsgebäck mit ihnen teilen, ist es doch in den meisten Fällen nicht für sie geeignet.

Im folgenden Buch finden Sie eine ganze Reihe wundervoller Weihnachtskekse, die Ihrem Hund gerecht werden, Ihnen beim Backen Spaß und ihm beim Futtern Freude bereiten. Aber vergessen Sie nicht, dass diese Plätzchen Leckereien sind, und Ihr Hund – genauso wie der eine oder andere Verwandte – kein Halten kennt und, wenn Sie ihn lassen, futtert, futtert und futtert. So liegt es an uns, zu verhindern, dass unser bester Freund nach Weihnachten die gleiche Diät benötigt wie besagter Verwandter.

Also füttern Sie mit Maß, auch wenn es schwer fällt.
Ihr Hund wird es Ihnen danken.

Warum dieses Buch so ist, wie es ist

Als mich meine Redakteurin im Jahr 2010 anrief und mich bat, mir ein englisches Hunde-Kochbuch anzuschauen und zu übersetzen, war ich überaus interessiert: Schließlich kocht meine ganze Familie mit großem Vergnügen für die eigenen Tiere. Nicht immer und nicht ausschließlich, aber eben dann und wann, wenn es uns überkommt.

Voller Elan nahm ich mir besagtes Buch vor, und war nach kurzer Zeit geschockt: Da wurden Rosinen, Knoblauch und viele andere Zutaten verwandt, die ich als ungesund oder sogar gefährlich kannte. Wir beschlossen natürlich, dieses Buch nicht zu übersetzen; ein eigenes musste her!

Ich begann also mit der Recherche, kämpfte mich durch verschiedene Hundekochbücher und Rezepte, suchte nach Warnhinweisen zu bestimmten Inhaltsstoffen und Zutaten. Das Ergebnis war jedenfalls für mich erschreckend, denn auch wenn viele Hundeliebhaber für ihren besten Freund kochen und backen, finden sich doch immer wieder untaugliche Rezepte, Zutaten, Verarbeitungsarten. (Zur Klarstellung: Es gibt auch eine ganze Reihe brauchbarer und guter Hunde-Kochbücher, es ist aber für Laien oftmals schwer zu erkennen, welche diese sind). Also: Woher soll man wissen, ob man gerade ein gutes Rezept nachkocht oder eines, das das eigene Tier gefährdet?

Für mich war ganz klar: Nach dem Genuss meiner Gerichte geht es jedem Genießer gut. Lediglich ein wegen Überfüllung drückender Bauch und daraus resultierend der eine oder andere Spaziergang mehr sind als Nebenwirkung akzeptabel.

Ich suchte mir also all die Dinge zusammen, von denen ich wusste, dass sie als Zutat nichts taugen, nahm andere in die Liste auf, von denen ich nach Recherchen das erste Mal las und gab die gesammelten Untauglichkeiten einer lieben Bekannten zur Überprüfung mit. Diese arbeitet in der Gift-Notruf-Zentrale, ihr Zugriff auf Informationen ist sehr viel genauer, besser und detaillierter als der Wust an Halbwahrheiten, den man beispielsweise im Internet findet. So entstand mein erstes Kochbuch für Hunde, und natürlich benutze ich in meinen Rezepten keine einzige durchgefallene Zutat.

Aber das reicht mir noch nicht aus. Denn die meisten, die für ihre Tiere kochen und backen, werden irgendwann eigene Mahlzeiten für ihren Hund kreieren. Deshalb finden Sie auf den folgenden Seiten auch ein kleines Kapitel darüber, was nicht in den Napf gehört: ein wenig Aufklärung zum Wohl unserer besten Freunde.

Grüßen Sie Ihren Hund von mir!

Sascha Store

Was niemals in den Napf gehört

Sie werden sich an eigenen Rezepten versuchen wollen, spätestens, wenn Sie all die Feinheiten in diesem Buch durchgebacken haben. Doch nicht alles, was wir Menschen zu uns nehmen, ist für unsere besten Freunde gesund, auch wenn sie es mit großem Genuss verspeisen. Manche für uns Menschen ganz alltäglichen Lebensmittel können sogar gefährlich sein. Im folgenden Abschnitt habe ich die wichtigsten Zutaten zusammengefasst, die Sie beim Backen von Weihnachtsplätzchen für Ihren Hund auf jeden Fall weglassen sollten. Und täuschen Sie sich nicht – selbst geringe Mengen können großen Schaden anrichten.

Rosinen und Weintrauben

Der Genuss von Weintrauben kann zu Nierenversagen führen. Noch gefährlicher sind Rosinen.

Schokolade

Bestandteil aller kakaohaltigen Lebensmittel ist Theobromin, ein für Hunde lebensgefährlicher Stoff. Je dunkler die Schokolade, desto höher ist der Giftgehalt. Niemals Schokolade an Hunde verfüttern.

Schweinefleisch

Es kann das Aujeszky-Virus enthalten, das uns Menschen kaum stört, aber bei Hunden zum Tod führt. Zwar gilt Deutschland als „sauber", aber bei den europaweiten Reisen, die die Schweine unternehmen, bevor sie auf dem Teller landen, kann man nie ganz sicher sein. Dass das Aujeszky-Virus Erhitzen (wie Kochen oder Backen) übersteht, wird jedenfalls von manchen angenommen. Gehen Sie auf Nummer sicher und verfüttern Sie nichts, was vom Schwein kommt.

Süßstoffe

Sie können beim Hund einen tödlichen Abfall des Blutzuckerspiegels bewirken.

Walnüsse / Macadamia-Nüsse

Walnüsse können von einen nicht sichtbaren Schimmelpilz befallen sein, der für Hunde hoch giftig ist; Macadamia-Nüsse sind es bereits von sich aus.

Koffein

Beim Abbau von Koffein entsteht Theobromin, das gleiche Gift, das in der Schokolade zu finden ist.

Geschmacksverstärker und Aromen

Sie können Allergien auslösen und sehr problematisch werden, wenn Unverträglichkeiten auftreten. Zudem sind die Reaktionen auf viele dieser Stoffe beim Hund einfach nicht erforscht. Lassen Sie sie weg (das gilt bei Weihnachtsplätzchen insbesondere für Vanille-Ersatzstoffe).

Was Sie über Zutaten sonst noch wissen sollten

Nüsse im Allgemeinen

Sie enthalten viele nützliche Bestandteile, sind aber sehr energiereich und verstärken schnell die Weihnachtspölsterchen unserer Hunde. Füttern Sie Nüsse mit Bedacht (aber keine Walnüsse oder Macadamia-Nüsse, s. S. 13).

Zucker

Zucker selbst ist eigentlich unproblematisch, solange er nicht im Übermaß und dauerhaft gegeben wird, dann kann er wie beim Menschen Krankheiten auslösen. Primärer Zuckerlieferant sind Fertigfutter, die oft große Mengen enthalten, teilweise verklausuliert. Dort wirkt der Zucker als Geschmacksverstärker und Lockmittel, so dass die Hunde das Zeug fressen, obwohl sie es normalerweise nicht anrühren würden. Solange Sie die Plätzchen in diesem Buch nicht über Wochen hinweg füttern und alle paar Tage Nachschub backen, müssen Sie sich wegen den geringen Mengen Zucker oder Honig aber nicht sorgen. Sie genießen doch schließlich auch mal ein Stück Kuchen oder ein paar Gummibärchen? Auf die Menge kommt es an …

Milch

Milch enthält Laktose, die von erwachsenen Säugetieren nicht verwertet werden kann – das Enzym, das benötigt wird, wird nur als Säugling produziert. Milch oder Milchprodukte deswegen ganz zu meiden ist allerdings übertrieben, oder verursacht Ihr Café Latte schlimme Nebenwirkungen? Das Unangenehmste, was dem Tier passieren kann, ist ein wenig Durchfall. (Davon zu unterscheiden ist allerdings die Laktose-Intoleranz, die auch bei unseren Hunden auftreten kann, laienhaft ausgedrückt eine Art schwere Allergie auf Laktose. In einem solchen Fall sollten Sie von laktosehaltigen Milchprodukten natürlich absehen.)

Eier

Rohes Eiklar bindet Biotin, es sollte nicht gefüttert werden. Gekochte Eier hingegen sind harmlos.

Getreide

Der Verdauungstrakt unserer Hunde ist nicht auf die Verwertung pflanzlicher Nährstoffe ausgelegt – sie scheiden sie unverdaut wieder aus. Um an die Mineralstoffe und Vitamine zu kommen, müssen wir für sie die Cellulose-Wände der pflanzlichen Zellen knacken, beispielsweise durch Mahlen oder auch Erhitzen. Gesünder ist für Hund und Mensch gleichermaßen Vollkornmehl.

Salz

Hunde haben wie alle anderen Säugetiere auch einen Bedarf an Salz, den sie in der Natur aus dem Blut ihrer Beutetiere decken. Die eine oder andere Prise Salz schadet also nicht – aber nutzen Sie Steinsalz oder Meersalz ohne Zusätze wie Jod oder Fluor, letztere sind noch umstritten.

Gewürze

Scharfe Gewürze reizen unter Umständen die Magenschleimhaut Ihres Hundes. Gleichzeitig fördern sie aber auf vielfältige Art die Verdauung, machen die Speisen also bekömmlicher und verträglicher. Experimentieren Sie ruhig, nehmen Sie aber lieber zu wenig als zu viel.

Noch ein paar Anmerkungen zu ...

... Haltbarkeit:

Die Kekse sollten alle mindestens 4 Wochen haltbar sein, wenn Sie darauf achten, sie richtig zu lagern. Ausnahmen sind im Rezept erwähnt.

... Lagerung:

Alle Kekse müssen ausgekühlt sein, bevor sie in ein Gefäß zur Lagerung gegeben werden. Sind sie warm, bildet sich Kondenswasser und erhöht die Feuchtigkeit, was wiederum die Haltbarkeit beeinträchtigt. Lagern Sie die Kekse in einer undurchsichtigen Keksdose oder etwas Ähnlichem im Vorratsschrank. Natürlich können Sie die Kekse aber auch einfrieren.

... Hunden mit besonderen Bedürfnissen:

Die Kekse in diesem Buch sind wunderbar geeignet als Zwischensnack oder Leckerli für normale, gesunde Hunde. Aber auch im Hundeleben gibt es Momente, bei denen besonders auf die Ernährung geachtet werden muss: Trächtige Hündinnen, Allergiepatienten oder Hunde mit Laktose-Intoleranz benötigen genauso wie Welpen eine ganz besondere Ernährung. Wenn Sie sich nicht sicher sind, fragen Sie bitte Ihren Tierarzt.

... den Mengen:

Um es Ihnen leichter zu machen, viele verschiedene Rezepte auszuprobieren, sind die Mengen in den Rezepten meist auf lediglich ein Blech ausgelegt. So können Sie alles ausprobieren, Ihr Vierbeiner kann die Vielfalt genießen, und Sie kommen weniger in die Gefahr, ihn zu überfüttern. Für besonders große Tiere mit ausuferndem Appetit verdoppeln Sie einfach die Mengen.

... Ihnen, dem Bäcker:

Sie sind verantwortlich für Ihr Tier. Denken Sie bitte ein weiteres Mal daran, dass Sie mit den Weihnachtskeksen Süßigkeiten für Ihren Hund backen. Zu viele davon werden schnell für schwellende Hundehüften sorgen. Halten Sie Maß beim Verfüttern, widerstehen Sie den großen, bittenden Hundeaugen. Wenigstens dann und wann ...

Rezepte

... für den besten Freund

Es ist Weihnachtszeit, und Weihnachtsplätzchen sind Leckereien, mit denen wir gerne einmal über die Stränge schlagen. Manche würden sogar sagen, genau darin bestünde ihr Sinn. Gönnen Sie ihrem Hund diese Schmankerln, genauso, wie Sie sie sich selbst gönnen – aber vergessen Sie nicht: Es sind Süßigkeiten. Ein bisschen Übermaß ist an Weihnachten erlaubt, aber übertreiben Sie es nicht.

Viel Spaß Ihnen beim Backen und Ihrem besten Freund beim Futtern!

Labyrinth-Plätzchen

Zutaten:

100 g Maismehl

80 g Weizenmehl

20 g gemahlene Mandeln

1 ½ TL Lebkuchen-Gewürz

75 ml Milch

1 EL Butter

150 g hauchdünn geschnittenes Rindfleisch

1 Eigelb

1 EL Milch

Zubereitung:

Mais- und Weizenmehl mit den gemahlenen Mandeln und dem Lebkuchen-Gewürz vermischen.

Die Milch mit der Butter erwärmen, in die Mischung geben und gut verkneten. Den Backofen auf 200 Grad (Ober-/Unterhitze) vorheizen (Umluft 180 Grad). Den Teig direkt auf ein Backpapier fein ausrollen.

Das Fleisch gut abtrocknen, leicht mit Mehl bestäuben. Das Eigelb mit 1 EL Milch verquirlen, die Oberseite des ausgerollten Teiges damit mit einem Pinsel bestreichen. Das Fleisch so auf dem Teig verteilen, dass möglichst viel Teig abgedeckt ist.

Die Oberseite des Fleisches nun mit dem Rest der Eigelb-Milch-Mischung bepinseln. Von einer Seite her den Teig nun zu einer Wurst einrollen, gut andrücken.

Etwa 1 cm starke Stücke herunterschneiden und auf ein mit Backpapier belegtes Blech legen.

Im Ofen für 15 Minuten backen, dann die Temperatur auf 60 Grad reduzieren und die Labyrinth-Plätzchen für 1–2 Stunden nachtrocknen.

Hasel-Herzen

Zutaten:

120 g Weizenmehl

70 g gemahlene Haselnüsse

20 g Honig

50 g reines Gänseschmalz

1 Ei

Zubereitung:

Das Mehl und die gemahlenen Haselnüsse vermengen.

Den Honig mit dem Gänseschmalz und dem Ei schaumig rühren, zum Mehl geben und die Masse zu einem Mürbeteig verkneten.

Den Teig in eine Frischhaltefolie wickeln und für mindestens eine Stunde kühl stellen.

Den Backofen auf 180 Grad (Umluft) vorheizen.

Den Teig 3–5 mm stark ausrollen und mit einer Stechform Herzen herausstechen. Diese auf ein mit Backpapier belegtes Blech legen und im Backofen ca. 15 Minuten backen.

Zimt-Blätterteig-Brocken

Zutaten:

250 g Weizenmehl

2 gestrichene Teelöffel Salz

3 gestrichene Teelöffel Zimt

125 ml Wasser

175 g Butter (gut gekühlt)

Zubereitung:

In einer Rührschüssel Mehl mit Salz und Zimt vermischen, Wasser zugeben und einige Minuten mit dem Knethaken verkneten. Aus dem Teig eine Kugel formen, in Frischhaltefolie einhüllen und eine Stunde im Kühlschrank ruhen lassen.

Die Butter zu einem Rechteck von etwa 11 auf 13 cm formen (zwischen zwei Frischhaltefolien mit der Teigrolle gelingt das leicht). Den Teig auf eine bemehlte Arbeitsfläche legen, ein oder zwei Mal kurz darüber rollen, dann an den Ecken einige Zentimeter Richtung

Teigmitte einschneiden. Mit den Fingern aus dem Teig nun ein Kreuz formen, so dass die Butter in der Kreuzmitte liegen kann, und noch überall um sie herum mindestens zwei Fingerbreit Teig zu sehen sind. Die Teigseiten („Kreuzarme") nun über die Butter schlagen, so dass sie ganz von Teig eingehüllt ist. Die Teigränder dabei sorgfältig schließen.

Den Teig etwa fingerdick ausrollen (siehe Anmerkung). Die lange Seite nun zu knapp 2/3 einklappen, das letzte Drittel darüberlegen. Sie sollten nun 3 sichtbare Schichten Teig aufeinanderliegen haben (diese Form des Teigfaltens nennt man „einfache Tour"). In Klarsichtfolie einpacken, für 15–30 Minuten in den Kühlschrank stellen.

Sie wiederholen den vorherigen Schritt nun mindestens fünf Mal, inklusive der jeweiligen Kühlphase.

Vor der eigentlichen Verwendung sollte der fertige Blätterteig einige Stunden, besser noch über Nacht, im Kühlschrank stehen.

Heizen Sie den Backofen vor auf 200 Grad (Ober-/Unterhitze) und belegen Sie ein Backblech mit Backpapier.

Rollen Sie den Teig etwa 1 cm dick aus. Mit dem Teigrad schneiden sie Quadrate mit einer Seitenlänge von etwa 3 cm heraus und legen diese auf das Backblech. Etwa 15–20 Minuten auf der mittleren Schiene sollten den Blätterteig schön knusprig backen.

Anmerkung:
Ein Trick bei der Herstellung von Blätterteig ist, immer nur waagerecht und senkrecht auszurollen, nie diagonal, und immer nur in eine Richtung zu rollen – nie vor und zurück. So erreichen Sie das beste Ergebnis.

Verzierte Plätzchen

Zutaten:

40 g Gänseschmalz

1 Ei

1 Prise Salz

1 g Backpulver

100 g Mehl

1 Eigelb

1 Löffel Milch

Hundedekor-Leckerlis zum Verzieren

Zubereitung:

Gänseschmalz, Ei und Salz vermischen. Mehl und Backpulver vermischen, zügig mit der Schmalzmischung verkneten.

Den Teig in Frischhaltefolie einwickeln und für mindestens 2 Stunden kalt stellen.

Den Backofen auf 190 Grad (Ober-/Unterhitze) vorheizen.

Den Teig sehr dünn ausrollen, mit Stechformen Plätzchen ausstechen und auf ein mit Backpapier belegtes Blech legen.

Das Eigelb mit der Mich verrühren und die Plätzchen damit bestreichen. Mit kleinen Hundedekor-Leckerlis verzieren.

Die Plätzchen auf der mittleren Einschubleiste 15 Minuten backen, bis sie eine goldbraune Färbung haben.

Trockenfleisch-Makronen

Vorbereitung:

Das Rinderhack auf einem mit Backpapier belegten Backblech fein verteilen.

Bei 60–80 Grad (Umluft) ca. 5 Stunden trocknen. Das Fleisch ist dann fertig, wenn auf dem Backpapier keine Feuchtigkeit mehr zu sehen ist und das Hack sich hart anfühlt. 150 g Rinderhack ergeben etwa 50 g Trockenhack.

Zutaten:

150 g reines Rinderhackfleisch

20 g Puderzucker

50 g Mehl

2 g Backpulver

2 Eiweiße

Back-Oblaten

Zubereitung:

2 Eiweiße zu Eischnee schlagen. 20 g Puderzucker sieben und einrieseln lassen.

Das Trockenhack mit dem Mehl und dem Backpulver vermischen und vorsichtig unter die Eischneemasse heben.

Mit 2 Teelöffeln die Masse gleichmäßig auf den Backoblaten verteilen.

Die Oblaten auf ein mit Backpapier belegtes Blech geben, bei 120 Grad (Umluft) 25–35 Minuten trockenbacken.

Wolfsmonde

Zutaten:

110 g gefrorene Himbeeren

20 g Butter

1 ½ EL Honig

130 g Weizenvollkornmehl

Zubereitung:

In einem kleinen Topf Himbeeren, Butter und Honig erwärmen, jedoch nicht aufkochen lassen. Die Masse etwa 30 Minuten abkühlen lassen.

Das Weizenvollkornmehl in eine Rührschüssel geben, die Himbeermasse darauf geben und mit dem Knethaken einige Minuten kneten, bis der Teig sich vom Rand der Schüssel löst.

Den Backofen auf 90 Grad (Ober-/Unterhitze) vorheizen, ein Backblech mit Backpapier belegen.

Den Teig zu einer Kugel formen, auf ein großes Stück Backpapier legen. Großzügig mit Klarsichtfolie abdecken und sehr dünn ausrollen. Monde herausstechen und auf das Backblech legen.

Auf der mittleren Schiene 150 Minuten backen. Im noch warmen Backofen bei offener Türe über Nacht nachtrocknen lassen.

Anmerkung:
Die Wolfsmonde sollten nicht auf einer bemehlten Arbeitsfläche ausgerollt werden, da das frische Mehl eine dünne Außenschicht bildet, und so die namensgebende rote Färbung der Monde stört. Diese rote Färbung ist auch der Grund, warum die Monde bei nur 90 Grad eher trocknen als backen, bereits bei leicht höherer Temperatur wird der rote Farbstoff der Himbeeren von der Hitze zerstört.

Zutaten:

Knochen:

100 g Weizenmehl

50 g gemahlene Haselnüsse

20 g Honig

50 g Butter

1 Ei

Schnee:

2 Eiweiße

100 g Weizenmehl

10 g Zucker

3 g Backpulver

Knochen im Schnee

Zubereitung:

Die Knochen:

Das Mehl und die gemahlenen Haselnüsse vermengen. Den Honig mit der Butter und dem Ei schaumig rühren, zum Mehl geben und die Masse zu einem Mürbeteig verkneten.

Den Teig in eine Frischhaltefolie wickeln und für eine Stunde kühl stellen.

Den Backofen auf 180 Grad (Umluft) vorheizen.

Den Teig 5–7 mm stark ausrollen und mit einer Stechform Knochen herausstechen.

Die Knochen auf ein mit Backpapier belegtes Blech legen und im Backofen ca. 12 Minuten backen. Das Blech herausnehmen, die Backofentür für 2 Minuten geöffnet lassen, so dass sich der Ofen leicht abkühlt.

Der Schnee:

2 Eiweiße steif schlagen, Zucker einrieseln lassen.

Das mit dem Backpulver vermischte Mehl vorsichtig unterheben.

Mit 2 Teelöffeln „Schneehaufen“ auf die Knochen setzen, so dass diese halb im Schnee vergraben sind.

Bei 130 Grad (Umluft) etwa 20 Minuten backen, danach im warmen Ofen bei leicht geöffneter Ofentür fertigtrocknen.

Die Schneemasse soll fest, aber noch sehr hell, fast weiß, sein.

Rot-Weiß-Gebäck

Zutaten:

Für den roten Teig:

80 g rote Beete

100 g Weizenmehl

1 EL Olivenöl

½ TL Zimt

1 g Backpulver

Mehl für die Arbeitsfläche

Für den weißen Teig:

30g Gänseschmalz

1 Ei

100 g Weizenmehl

1 g Backpulver

Zubereitung:

Roter Teig: Die rote Beete mit einer Küchenmaschine zu Mus verarbeiten. Mit dem Olivenöl und dem Zimt vermischen. In der Rührschüssel Mehl und Backpulver vermischen, die Rote-Beete-Masse hinzufügen und einige Minuten gut verkneten. Aus dem Teig eine Kugel formen, in Frischhaltefolie packen und für eine Stunde in den Kühlschrank stellen.

Weißer Teig: In einer Rührschüssel das Mehl mit dem Backpulver vermischen, Gänseschmalz und Ei zugeben, alles gut verkneten, bis sich die Masse vom Schüsselrand löst. Aus dem Teig eine Kugel formen, in Frischhaltefolie packen und für eine Stunde in den Kühlschrank stellen.

Beide Teige auf einer mit Mehl bestäubten Arbeitsfläche dünn ausrollen. Sie sollten sich in der Form ähneln, so dass sie nachher gut aufeinander passen.

Den weißen Teig auslegen, die Oberseite leicht anfeuchten. Den roten Teig darauf legen, mit dem Küchenholz mit leichtem Druck über die beiden Teige rollen, so dass sie sich verbinden. Eine Rolle formen, diese noch einmal für 60 Minuten in den Kühlschrank stellen.

Den Backofen auf 180 Grad (Umluft) vorheizen, ein Blech mit Backpapier belegen.

Mit einem scharfen Messer 6–8 mm starke Scheiben von der Rolle schneiden, auf das Backblech legen. Auf der mittleren Schiene 30 Minuten backen.

Hütt'n-Gaudi-Knochen

Zutaten:

170 g Dinkelmehl

85 g gemahlene Haselnüsse

25 g Petersilie (frisch oder TK)

1 Ei

150 g körniger Frischkäse

15 g frisch geriebener Parmesan

Mehl für die Arbeitsfläche

Zubereitung:

Den Backofen auf 180 Grad (Ober-/Unterhitze) vorheizen, ein Backblech mit Backpapier auslegen.

Dinkelmehl, gemahlene Haselnüsse und geriebenen Parmesan in einer Rührschüssel miteinander vermischen. Frischkäse, Petersilie und das Ei hinzugeben und mit dem Knethaken einige Minuten kneten.

Je nach Frischkäsesorte kann es notwendig sein, während des Knetvorgangs noch ein wenig Wasser zuzugeben – machen Sie dies löffelweise, und kneten Sie nach jeder Wasserzugabe eine Minute weiter. Wenn der Teig sich im Ganzen von der Schüssel löst, ist er gelungen.

Auf einer bemehlten Arbeitsfläche den Teig 6–8 mm stark ausrollen. Mit einer Knochenform Knochen ausstechen und auf das Backblech legen.

25–30 Minuten auf der mittleren Schiene backen.

Gänse-Taler

Zutaten:

Für den Teig:

30 g Gänseschmalz

1 Ei

150 g Weizenmehl

1 g Backpulver

2 g Beifuß (getrocknet)

50 g geriebener Apfel

Mehl für die Arbeitsfläche

Für die Dekoration:

50 g Gänsefleisch (gegart)

20 g geriebene Äpfel

10 g geriebener Parmesan

10 g Gänseschmalz

1 Eigelb

10 g Weizenkleie

Zubereitung:

In einer Rührschüssel das Gänseschmalz, das Ei und den geriebenen Apfel vermengen. Backpulver und Beifuß ins Mehl geben, alles mit der Schmalzmasse vermengen und gut verkneten.

Aus dem Teig eine Kugel formen, in Frischhaltefolie packen und für eine Stunde in den Kühlschrank stellen.

Den Backofen auf 180 Grad (Ober-/Unterhitze) vorheizen, ein Backblech mit Backpapier belegen.

Das Gänsefleisch, den geriebenen Apfel, Parmesan, Gänseschmalz, das Eigelb und die Weizenkleie gemeinsam in die Küchenmaschine geben und zu einer homogenen Masse verarbeiten.

Den Teig aus dem Kühlschrank nehmen, auf einer mit Weizenmehl bestäubten Fläche aus-

rollen. Mit einem runden oder rund-gezackten Ausstecher Taler ausstechen, auf das Backblech legen.

Die Teigoberflächen mit einem nassen Backpinsel leicht anfeuchten, dann mit feuchten Händen aus der Dekorationsmasse erbsen- bis haselnussgroße Kugeln formen und auf den Teig legen. Gut andrücken.

Auf der mittleren Schiene 30 Minuten backen.

Omas Hundetraum

Zutaten:

Für die Plätzchen:

200 g Weizenmehl

3 g Backpulver

75 g weiche Butter

2 Eier

Für die Traumschicht:

75 g gekochte Leber (kalt)

75 g gekochtes Hähnchenfleisch (kalt)

1 Eigelb

Zum Verkleben:

1 Eigelb

1 EL Milch

Mehl für die Arbeitsfläche

Zubereitung:

Das Mehl mit dem Backpulver vermischen. Die weiche Butter und die Eier zugeben und mit dem Knethaken verkneten.

Den Teig in Frischhaltefolie packen und im Kühlschrank für eine Stunde ruhen lassen.

Den Backofen auf 160 Grad (Ober-/Unterhitze) vorheizen. Ein Backblech mit Backpapier auslegen.

Für die Traumschicht die gekochte Leber, das Hähnchenfleisch und das Eigelb in der Küchenmaschine zu einer einheitlichen, streichfähigen Masse verarbeiten.

Für die Klebemasse in einer Tasse das zweite Eigelb mit der Milch verrühren.

Den (Weizenmehl-)Teig auf einer bemehlten Arbeitsfläche 3–4 mm stark ausrollen, mit einer runden Ausstechform Kreise ausstechen.

Die Hälfte der Kreise auf das Backblech legen. Darauf mit einem Pinsel die Eigelb-Milch-Mischung dünn auftragen.

Die Traumschicht auf die vorbereiteten Plätzchen streichen.

Die Traumschicht wiederum mit der Eigelb-Milch-Mischung bestreichen. Die andere Hälfte der Kreise darauf legen, etwas andrücken.

Etwa 30 Minuten auf der mittleren Schiene backen.

Anmerkung:
Diese Kekse sind wirklich ein Hundetraum. Die verwendete Traummasse neigt allerdings dazu, zwischen den Plätzchenhälften ein wenig feucht zu bleiben, so dass diese besonderen Kekse dann nicht allzu lange haltbar bleiben (trocken sollten sie durchaus etwa 2 Wochen haltbar sein). Was im Normalfall allerdings keine Rolle spielt, da kaum ein anderer Weihnachtskeks so schnell im Hundebauch verschwindet wie dieser.
Sollten Sie unsicher sein, so trocknen Sie diesen Keks einfach 2–3 Stunden bei 50–70 Grad (Umluft) nach dem eigentlichen Backen weiter und heben zur Kontrolle einfach einen der runden Teigdeckel von der Traummassenschicht.

Gänsebraten-Kekse

Zutaten:

Für den Teig:

175 g Weizenvollkornmehl

2 g Backpulver

1 TL Beifuß (getrocknet)

1 Prise Pfeffer

75 g geraspelter Apfel

15 g Petersilie (frisch oder TK)

1 EL Sonnenblumenöl

1 EL Honig

75 g Gänsefleisch (gegart und kalt)

50 ml Wasser

Weizenvollkornmehl für die Arbeitsfläche

Zubereitung:

Den Backofen auf 180 Grad (Umluft) vorheizen, ein Backblech mit Backpapier belegen.

In einer Rührschüssel Weizenvollkornmehl mit Backpulver, Beifuß und Pfeffer vermengen.

Den Apfel fein raspeln, Petersilie, Sonnenblumenöl und Honig hinzugeben. Das Gänsefleisch sehr fein schneiden, mit der Apfelmasse vermischen.

Alles zur Mehlmischung geben, mit dem Knethaken 1–2 Minuten vermengen.

Nach und nach 50 ml Wasser zugeben und weiterkneten, bis sich die Masse vom Schüsselrand löst.

Den Teig auf der mit Weizenvollkornmehl bestäubten Arbeitsfläche 3–4 mm stark ausrollen, mit einem Gänse- oder Entenausstecher Tiere ausstechen und auf das Backblech legen.

Auf mittlerer Schiene etwa 30 Minuten backen.

Bunte Makronen

Zutaten:

3 Eiweiße

50 g Leber (gekocht)

50 g Hähnchenfleisch (gekocht)

50 g Karotte

50 g Rote Beete

10 frische Blätter Basilikum

50 g Mehl

4 g Backpulver

Backoblaten

Zubereitung:

Die Eiweiße sehr steif schlagen.

Die gekochte Leber und das gekochte Hähnchenfleisch in sehr kleine Stückchen schneiden.

Karotte und Rote Beete ebenso klein schneiden, diese Stückchen in 2 Lagen Küchenpapier einwickeln, so dass möglichst viel Feuchtigkeit aufgefangen wird und die Stückchen so trocken als möglich weiterverarbeitet werden können. Die frischen Basilikumblätter in kleine Streifen schneiden.

Den Backofen auf 120 Grad (Umluft) vorheizen. Ein Backblech mit Backpapier auslegen.

Mehl und Backpulver vermischen. Leber, Hähnchenfleisch, Karotte, rote Beete und Basilikumstreifen zugeben und mit einem Löffel grob vermischen. Die Masse vorsichtig unter den Eischnee heben.

Mit 2 Teelöffeln kleine Portionen formen und auf die Backoblaten setzen.

Die Oblaten auf das Blech legen und auf der mittleren Schiene etwa 60 Minuten backen.

Anmerkung:
Wenn Ihre Karotten oder die Rote Beete besonders saftig oder die geschnittenen Stückchen ein wenig größer waren, könnten die bunten Makronen im Innern nach der Backzeit immer noch feucht sein. Es empfiehlt sich dann, sie im Ofen zu lassen, die Umluft auf 50–70 Grad zurückzustellen und die Makronen 2–3 Stunden im Ofen weiter zu trocknen. Sind die Makronen zu feucht, werden sie nicht lange haltbar bleiben.

Obst-Kracher

Zutaten:

75 g Banane

75 g geraspelter Apfel

200 g Weizenmehl

100 g Weizenvollkornmehl

100 g kernige Haferflocken

2 TL Zimt

1 Messerspitze Lebkuchengewürz

2 EL Olivenöl

1 großzügiger EL Honig

75 ml Wasser

Mehl für die Arbeitsfläche

Zubereitung:

Den Backofen auf 180 Grad (Ober-/Unterhitze) vorheizen. Ein Backblech mit Backpapier auslegen.

Die Banane zerdrücken, den Apfel raspeln. Beides in eine Rührschüssel geben.

Weizenmehl und Weizenvollkornmehl, Haferflocken, Zimt und Lebkuchengewürz hinzugeben. Miteinander vermengen. Olivenöl und Honig beimischen, einige Minuten mit den Knethaken kneten, dabei nach und nach das Wasser zugeben, bis sich der Teig vom Schüsselrand löst.

Den Teig auf der bemehlten Arbeitsfläche ca. 5 mm stark ausrollen, mit Obstausstechern Früchte ausstechen und auf das Backblech legen.

Etwa 30 Minuten auf der mittleren Schiene backen, im ausgeschalteten, noch warmen Ofen bei leicht geöffneter Ofentür über Nacht trocknen lassen.

Leb(er)kuchen-Pferde

Zutaten:

75 g gekochte Leber

75 g geriebener Apfel

10 g Petersilie (frisch oder TK), fein gehackt

40 g Pumpernickel, zerkrümelt oder ganz fein geschnitten

200 g Roggenvollkornmehl

20 g Weizenkleie

2 TL Lebkuchengewürz

2 Eier

Roggenvollkornmehl für die Arbeitsfläche

Zubereitung:

Die Leber in kleinste Stückchen schneiden, mit dem Apfelabrieb, der Petersilie und den Pumpernickelkrümeln vermengen.

Das Roggenvollkornmehl mit der Weizenkleie und dem Lebkuchengewürz in eine Rührschüssel geben und vermischen. Die Lebermasse hinzugeben und eine Minute lang mit dem Rührgerät vermengen.

Die beiden Eier hinzugeben und die Masse mit dem Knethaken etwa 3 Minuten lang verkneten, bis sie sich von der Schüssel löst.

Formen Sie aus dem Teig eine Kugel, schlagen Sie sie in Frischhaltefolie ein und lassen Sie den Teig eine Stunde im Kühlschrank ruhen.

Den Backofen auf 180 Grad (Ober-/Unterhitze) vorheizen. Ein Backblech mit Backpapier auslegen. Den Teig auf einer mit Roggenvollkornmehl bestäubten Arbeitsfläche ausrollen (4–6 mm stark), mit einem Schaukelpferd-Ausstecher kleine Leb(er)kuchenpferde ausstechen und auf das Backblech legen.

Ca. 35 Minuten auf der mittleren Schiene backen. Über Nacht aushärten lassen.

Anmerkung:
Die Konsistenz des Teiges hängt sehr davon ab, wie saftig Ihr Apfel und die Petersilie waren. Ist er zu trocken, geben Sie nach den 3 Minuten kneten einen Esslöffel Wasser hinzu, kneten wiederum 1 Minute usw., bis die richtige Konsistenz erreicht ist. Ist der Teig zu feucht, gehen Sie ähnlich vor: Ein Esslöffel Mehl nach dem anderen, zwischendurch kneten, bis Sie zufrieden sind.

Rezepte

... für Hund und Herrchen

Mit seinem besten Freund das Essen zu teilen ist ein ganz besonderer Moment, der jeden Hundeliebhaber insgeheim tief befriedigt. Dieser ganz besondere Blick, wenn Ihr Hund neben dem Tisch mit großen Augen zu Ihnen aufschaut, kommt schließlich nicht von ungefähr. Oder?

Auf den folgenden Seiten überschreiten wir eine Grenze und betreten Neuland. Die Puristen unter Ihnen werden davor vielleicht zurückschrecken, Ihre Kinder und Enkel und auch der Hund aber werden die folgenden Rezepte und Kekse lieben. Wir wagen die Gratwanderung und präsentieren Ihnen pünktlich zu Weihnachten: Backwerk, das Hund und Herrchen gleichermaßen schmeckt! Und das beide vertragen ...

Viel Spaß und guten Appetit!

Mandelmakronen

Zutaten:

2 frische Eiweiße

80 g gemahlene Mandeln

20 g Puderzucker

40 g Mehl

Ca. 16 Backoblaten (5 cm Durchmesser)

evtl. Mandeln zum Belegen

Zubereitung:

Den Backofen auf 130 Grad (Umluft) vorheizen. Das Backblech mit Backpapier belegen.

Die Eiweiße sehr steif schlagen.

Die Mandeln mit dem Puderzucker und dem Mehl vermischen und vorsichtig unter den Eischnee heben.

Mit 2 Teelöffeln kleine Portionen formen und auf die Backoblaten setzen. Wenn Ihr Hund es mag, mit einer Mandel verzieren.

Die Oblaten auf das Blech legen und auf der mittleren Schiene 25–30 Minuten backen.

Vanillekipferl

Zutaten:

100 g Butter

40 g Honig

1 Prise Salz

Mark einer halben Vanilleschote (kein Vanilleersatzstoff)

1 Eigelb

40 g gemahlene Mandeln

150 g Weizenmehl

Zubereitung:

Butter, Honig, Salz, Vanillemark, Eigelb und Mandeln verkneten, dann das gesiebte Mehl einarbeiten.

Den entstehenden weichen Mürbeteig in Frischhaltefolie einpacken und für 2 Stunden kalt stellen.

Ein Backblech mit Backpapier auslegen, den Ofen auf 180 Grad (Ober-/Unterhitze) vorheizen.

Den Teig nochmals kurz durchkneten, zu einer Rolle formen. Von dieser etwa ein Zentimeter starke Stücke schneiden, diese Scheibchen zu spitz zulaufenden Röllchen formen und in die typische Kipferlform biegen.

Auf das Blech legen, auf der mittleren Einschubleiste 13–15 Minuten backen.

Die fertigen Kipferl direkt, wenn sie aus dem Ofen kommen, kurz in Mehl wälzen. Auf einem Kuchengitter auskühlen lassen.

Schmalznüsschen

Zutaten:

75 g Gänseschmalz

¼ vom Mark einer Vanilleschote (kein Vanille-Ersatzstoff)

30 g Honig

125 g Weizenmehl

25 g Speisestärke

½ TL Backpulver

Zubereitung:

Das Schmalz mit dem Honig und dem Vanillemark schaumig rühren. Das Mehl mit der Speisestärke und dem Backpulver mischen, zur Schmalzmasse geben und verkneten.

Den Teig in Frischhaltefolie einrollen und für mindestens 1 Stunde kühl stellen.

Den Backofen auf 180 Grad (Umluft) vorheizen.

Den Teig zu Rollen formen, so dass gleichmäßige Scheiben abgeschnitten werden können. Diese Scheiben zu Kugeln formen und auf ein mit Backpapier belegtes Blech legen.

Im Ofen für etwa 10 Minuten backen.

Marzipan-Monde

Zutaten:

75 g Butter

20 g Puderzucker

2 Eigelbe

25 g Marzipanrohmasse

150 g Weizenmehl

Mehl für die Arbeitsfläche

Eigelbeinstreiche:

1 Eigelb

10 g Milch

1 Prise Salz

1 Prise Zucker

Zubereitung:

Butter, Puderzucker, Eigelbe und Marzipan verkneten. Dann das Mehl sieben und zügig unterkneten. Den Teig zur Kugel formen und für mindestens 2 Stunden kalt stellen.

Ein Blech mit Backpapier auslegen, den Ofen auf 190 Grad (Ober-/Unterhitze) vorheizen.

Den Teig kurz durchkneten und auf einer bemehlten Arbeitsfläche 3–4 mm dick ausrollen. Mit einem Mondausstecher Plätzchen ausstechen, auf dem Backpapier verteilen.

Die Zutaten für die Eigelbeinstreiche miteinander verrühren. Die Plätzchen damit bestreichen, 15 Minuten antrocknen lassen, noch einmal bestreichen.

Auf der mittleren Schiene 13–15 Minuten backen, bis die Monde eine goldene Färbung haben.

Anmerkung:
Dies sind sehr gehaltvolle Hundeweihnachtsplätzchen – füttern Sie sie mit besonderem Maß. Auch wenn es schwer fällt.

Mandelhappen

Zutaten:

50 g Butter

1 Ei

¼ vom Mark einer Vanilleschote (kein Vanille-Ersatzstoff)

40 g gehobelte Mandeln

1 Messerspitze Backpulver

110 g Weizenmehl

1 Messerspitze Zimt

25 g Honig

Zubereitung:

Butter, Honig, Ei und das Vanillemark vermischen. Mandeln, Mehl, Backpulver und Zimt vermengen, in die Buttermischung einkneten.

Den Teig zwischen zwei Schichten Frischhaltefolie auf etwa 1 Zentimeter Stärke ausrollen, in Frischhaltefolie einpacken und über Nacht im Kühlschrank ruhen lassen. Der Teig soll am nächsten Tag sehr hart sein.

Den Backofen auf 200 Grad (Ober-/Unterhitze) vorheizen. Ein Backblech mit Backpapier auslegen.

Den harten Teig mit einem scharfen Messer in maulgerechte rechteckige oder quadratische Stücke schneiden, diese auf das Blech legen.

Auf der mittleren Einschubleiste 15 Minuten backen, bis die Mandelhappen etwas Farbe angenommen haben.

Unsere Hundemodels ...

Emma

Momo

Benno und Bubi

Pauline

Marvin

Lea

Lilly

Meggy

Pitz

Benni

Murphy

Pollux

... und ihr Dompteur

unser großartiger
Fotograf Karl Newedel

Rezeptregister

Impressum

ISBN 978-3-8094-3143-5

1. Auflage

Bildnachweis: Alle Fotos von Karl Newedel, außer:
S. Storz: S. 4/5, 12/13, 14/15, 16/17, 62/63 (Hg), 64

Konzeption und Realisierung: Sascha Storz, Althegnenberg
Umschlaggestaltung: Atelier Versen, Bad Aibling

Druck & Bindung: Druckerei Neografia a.s., Martin
Printed in Slovakia

FSC MIX Papier aus verantwortungsvollen Quellen FSC® C020353

Verlagsgruppe Random House FSC®N001967
Das für dieses Buch verwendete FSC®-zertifizierte Papier *Profimatt* liefert Sappi, Ehingen.